natureXtreme

Ungewöhnliche
Freundschaften

Text und Illustrationen von Marc Margielsky

moses.

Vorwort

Der Tiger war das am meisten gefürchtete Raubtier im Urwald. Eines Tages traf der Tiger auf den schlauen Fuchs. Er sagte zu ihm: „Ich werde dich nun fressen!“. Der Fuchs fragte, wie er ihn denn fressen könne, wo er doch genauso gefährlich und gefürchtet sei wie der Tiger. Darauf lachte der Tiger. Wenn der Fuchs ihm das beweisen könne, würde er ihn verschonen und sogar zum Jagdgefährten machen. Der Fuchs schlug vor, ihn zu einem See an einer Lichtung zu begleiten, wo sich alle Tiere zum Trinken versammeln. Als sie dort ankamen und die anderen Tiere zu dem Fuchs sahen, erschraken diese: Büffel, Elefant, Nashorn und sogar der Leopard ergriffen die Flucht. Der Tiger war beeindruckt! Er hielt sein Versprechen und beide wurden Gefährten. Der Fuchs freute sich, weil er nun einen mächtigen Freund besaß. Denn er wusste genau, dass die Tiere nicht vor ihm geflüchtet waren, sondern vor dem Tiger, der direkt hinter ihm stand, als sie zu ihm sahen.

Wie in dieser chinesischen Fabel der Fuchs fürchten musste, vom Tiger gefressen zu werden, so muss in einer ganz ähnlichen Geschichte eine Maus um ihr Leben bangen. Denn ein Löwe droht, sie aufzufressen. Sie rettet sich jedoch nicht wie der Fuchs durch eine List, sondern durch Hilfsbereitschaft: Der Löwe ist besonders grimmig, weil er einen schmerzhaften Dorn in seiner Tatze hat. Er selbst kann ihn nicht herausziehen, wohl aber die kleine Maus. Erlöst vom Schmerz werden Löwe und Maus dicke Freunde!

Der Unterschied zwischen beiden Fabeln ist der Überlebenstrick – während der Fuchs den Tiger überlistet, bietet die Maus dem Löwen ihre Hilfe an. Beide enden jedoch mit dem gleichen Ergebnis: Dem Beginn einer nützlichen Freundschaft.
Vielleicht werden einige jetzt denken, dass es solche Freundschaften im Tierreich natürlich nicht wirklich gibt. **Dies ist jedoch ein gewaltiger Irrtum!**

Du wirst hier so unglaubliche Freundschaften zwischen wilden Kreaturen kennenlernen, dass du aus dem Staunen nicht mehr herauskommst!

Viel Spaß beim Staunen,

Marc Margielsky

Marc Margielsky

Inhalt

Die „Biosen“

Hier kannst du alle Formen des Zusammenlebens in der Natur erforschen. Bevor du die freundschaftlichen Wunder in dem Buch weiter verfolgst, solltest du alle Wege der „Biosen“ kennenlernen, die nicht immer positiv sind...

■ SYMBIOSE (nützlich)

Eine Lebensgemeinschaft verschiedener Arten, die sich gegenseitig helfen

● Mutualismus

Gegenseitiger Nutzen zur Verbesserung der Überlebenschancen. Beide Seiten könnten aber auch unabhängig voneinander leben

● Eusymbiose

Unverzichtbarer gegenseitiger Nutzen. Oft können die Gemeinschaftspartner ohne den anderen nicht mehr überleben

● Ektosymbiose

Eine Lebensgemeinschaft zweier Arten, wobei die eine Art auf der Haut der deutlich größeren Art lebt und hilft

● Endosymbiose

Ein gegenseitiger Nutzen, wobei die kleinere Art im Körper (Verdauungsbereich) dem Gastgeber hilft

● Mykorrhiza & Flechten

Eine enge Verbindung zwischen Pflanzen. Mykorrhiza ist die Zusammenarbeit von Bäumen und Pilzen. Flechten bestehen aus zusammenwirkenden Algen und Pilzen

■ PROBIOSE (neutral)

Eine Lebensgemeinschaft verschiedener Arten, die nur einer Seite nützt, wodurch die andere aber keinen Schaden nimmt

● Mitessertum

Beteiligung am Verzehr der Nahrung des Gastgebers. Der „Mitesser“ wird aufgrund seiner geringen Größe oder dem großen Angebot an Nahrung toleriert

● Phoresie

Der Gast nutzt den Gastgeber als zeitweilige Mitreisegelegenheit. Der Gast ist meistens kleiner und setzt sich auf, um bei Gelegenheit „auszusteigen“

● Symphorismus

Der Gast nutzt den Gastgeber als ständige Mitreisegelegenheit

● Parökie

Eine schwächere Art hält sich bewusst nahe bei einer starken Art auf. Fressfeinde werden so abgehalten, die schwächere Art anzugreifen

● Epökie & Entökie

Epökie ist das Siedeln von einer Lebensform **auf** einer anderen. Entökie ist das Siedeln **in** einer Lebensform, wobei es dabei schädliche Gemeinschaften gibt...

● Metabiose

Lebensformen nutzen die Nistplätze, die andere vorher gebaut und verlassen haben. Auch das Besiedeln von Panzern und Hüllen von verstorbenen Arten gehört dazu

■ ANTIBIOSE (schädlich)

Eine Lebensgemeinschaft verschiedener Arten, die einer Seite nützt und dadurch der anderen Seite schadet

● Parasitismus

Eine Art beutet eine andere Art längerfristig aus. „Parasiten“ saugen das Blut ihrer Opfer, fressen von ihrem Fleisch oder leben in deren Verdauungsbereich, wo sie sich von dem ernähren, was ihre Opfer gefressen haben. Parasitismus kann den Befallenen erhebliche Gesundheitsschäden zufügen, welche sogar zum Tode führen können...

● Episitismus

Dies ist das Beute-Jäger-Prinzip in der Natur. Und da sich auch Parasiten wie alle Beutemacher räuberisch verhalten, ist der Parasitismus hier einzuordnen. Doch obwohl der Beute „Schaden“ zugefügt wird, ist dieses Prinzip in der freien Wildbahn wichtig, da es im natürlichen Verhältnis für ein Gleichgewicht sorgt

Karate-Held mit Wachhund

Wächtergrundel (Amblyeleotris spec.) **/ Pistolenkrebs** (Alpheidae)

Hast du schon mal davon gehört, dass ein Krebs und ein Fisch in einer Art Wohngemeinschaft zusammenleben? Für die Wächtergrundel und den Pistolenkrebs trifft das zu. Im Laufe einer langen Zeit müssen die beiden herausgefunden haben, dass es sich lohnt, im Team zu arbeiten und eine Höhle zu teilen. Aber warum?

Während der Krebs für beide eine gemeinsame Höhle buddelt, betätigt sich die Grundel mit ihren großen Augen gewissermaßen als Wachhund, der alles im Blick behält **(A)**. Der Pistolenkrebs dagegen ist fast blind, aber er kann seine Welt mit seinen empfindlichen Fühlern ertasten. Auf diese Weise steht er mit der Grundel in Kontakt, wenn er in der Höhle werkelt. Wenn sich Gefahr nähert, zupft und stößt der Fisch an den Fühlern des Krebses **(B)**. Dann verzieht sich dieser tiefer in die Höhle und die Grundel kann sich dort ebenfalls in Sicherheit bringen **(C)**. Manchmal ist aber auch Körpereinsatz gefragt, um die Gefahr abzuwenden. Dann wird der Krebs nämlich zum Karate-Helden:
Er schlägt den Eindringling einfach mit einem Schlag k.o. **(D)**. Manchmal ist der Schlag sogar so heftig, dass der Gegner dabei getötet wird. Diese Fähigkeit hilft dem Krebs auch bei der Beutejagd.

Die enorme Schlagkraft wird mit einem physikalischen Trick erzeugt: Der Krebs schnellt mit seinen wuchtigen Scheren so rasch vor und zurück, dass sich um die Scheren eine Unterdruckblase (Kavitationsblase) bildet. Sie zerplatzt und setzt so viel Energie frei, dass der Gegner sofort erledigt ist. Schon der Knall schlägt selbst ausgewachsene Haie in die Flucht. Wenn die Gefahr vorüber ist, kommt die Grundel aus der Höhle wieder hervor und schiebt erneut Wache, während der Krebs entspannt weitergraben kann **(E)**.

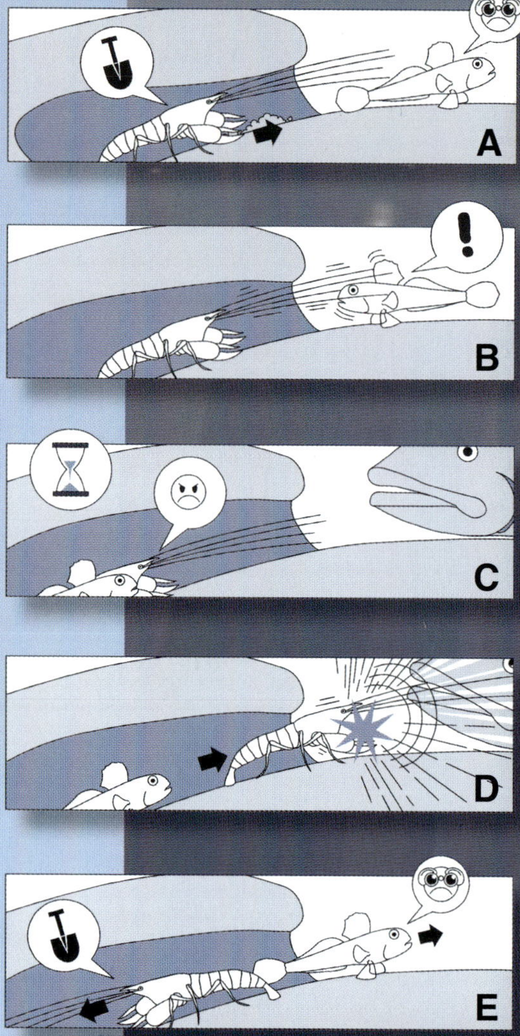

Du kannst die Kavitationsblase „simulieren“, das heißt: „So tun also ob...!“. Das musst du mit einem Trick tun, weil du dich natürlich nicht so schnell wie der Krebs bewegen kannst.
Du brauchst einen kräftigen Staubsauger mit einem langen Saugrohr und ein kleines Stück durchsichtige Frischhaltefolie **(1)**. Nun spanne die dünne Folie stramm über die Öffnung des Staubsaugerrohrs und halte sie rundherum gut fest **(2)**. Als Nächstes musst du den Staubsauger auf volle Saugkraft einschalten. Du wirst feststellen, dass sich die Folie durch den Unterdruck wölbt und schließlich laut zerplatzt. So ungefähr „zerplatzt“ auch die Unterdruckblase, nur sehr viel lauter und stärker.

Sicherheitstipp: Wenn nach zehn Sekunden die Folie nicht zerplatzt, ist der Staubsauger zu schwach für das Experiment – in dem Fall aufhören! Außerdem sollten deine Eltern bei dem Experiment dabei sein.

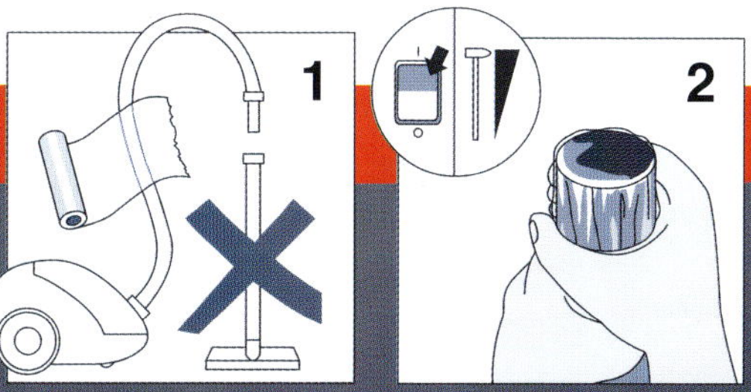

Die kleinsten Milchkühe der Welt

Blattlaus (Aphidoidea) **/ Ameise** (Formicidae)

Du findest sie vor allem im Sommer vor deiner Haustür, zum Beispiel an Rosenknospen oder Blättern. Sie sind bei Gärtnern gar nicht beliebt, weil sie den Saft von Blumen und Salaten aussaugen: **Blattläuse!**
Hast du aber schon mal davon gehört, dass sie bei Ameisen dafür umso beliebter sind? Wieso umsorgen sie die Blattläuse so? Ameisen sind Schleckermäuler und verrückt nach Süßem!

Blattläuse saugen den Saft von Pflanzen aus, um zu leben. In ihren Leibern sammelt sich dann die süße Pflanzenmilch an, die genüsslich verdaut wird. Genau auf diese Milch haben es die Ameisen abgesehen. Sie klettern dazu auf Pflanzen, die besonders viele Blattläuse haben, und tätscheln mit ihren Fühlern auf die Hinterteile der Blattläuse **(A)**. Das bewirkt, dass sie ihre süße Milch reflexartig wieder abgeben **(B)**. Wenn du so willst, werden die Blattläuse wie Milchkühe gemolken **(C)**.

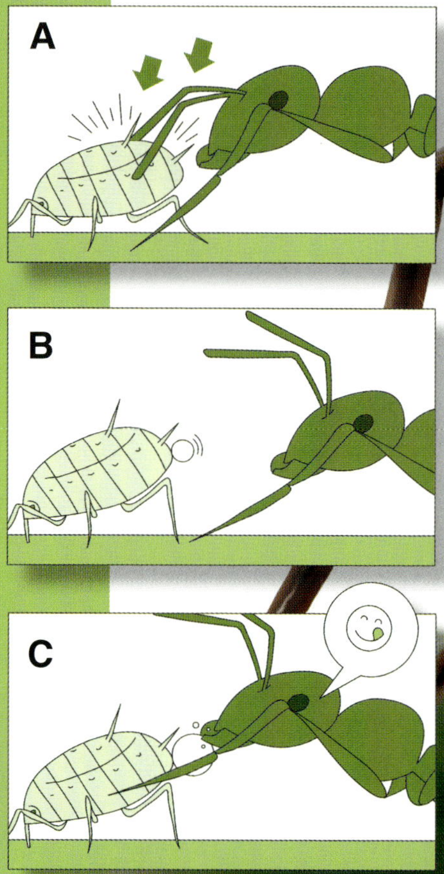

So wie Kühe abends von der Weide zurück in den Stall gebracht werden, so treiben auch Ameisen ihre Blattläuse abends in ihren Bau zurück. Das machen sie, damit die Läuse keinen Fressfeinden zum Opfer fallen und kein anderer Ameisenstamm auf die Idee kommt, die Milchspender einfach mitzunehmen. Wenn der Morgen dämmert, treiben die Ameisen ihre „Kühe“ dann wieder auf saftige Grünpflanzen. Es drohen jedoch auch tagsüber Gefahren! Zum Beispiel fressen Marienkäfer mit Vorliebe Blattläuse. Aber wenn sich jemand an den Blattläusen der Ameisen zu schaffen macht, erwartet ihn eine Dusche mit brennender Ameisensäure, die den Angreifer in die Flucht schlägt!

Mit einer Lupe und viel Geduld kannst du dich in den Garten oder in den Park setzen und an Blumen beobachten, was die Ameisen mit ihren Blattläusen anstellen. Am besten legst du dich an einem lauen Sommerabend auf die Lauer. Dann kannst du sehen, wie die Ameisen ihre Schützlinge in ihren Bau treiben. Nimm aber keine Taschenlampe – das verwirrt sie!

Schwimmende Fakire im Nadelbett

Schnepfenmesserfisch (Macroamphosidae) **/**
Diademseeigel (Diadema setosum)

Eine besonders wirksame Methode, sich vor Fressfeinden zu schützen, ist die Tarnung, das heißt, sein Aussehen der Umgebung anzupassen. Um Tiere zu entdecken, die sich besonders gut tarnen können, musst du schon ganz genau hinsehen und manchmal entdeckst du sie selbst dann noch nicht. Zu diesen Experten gehört der Schnepfenmesserfisch. Er wird bis zu 20 Zentimeter lang, hat die Form eines Messers und schwimmt meist senkrecht, mit dem Kopf nach unten durch das Meer. Seine Form und der ungewöhnliche Schwimmstil lassen ihn wie ein Blatt einer Wasserpflanze aussehen, daher wird er für fleischfressende Raubfische uninteressant.

Wenn ein Schnepfenmesserfisch jedoch ganz sichergehen will, versteckt er sich zwischen den langen Stacheln des Diademseeigels. Zwischen seinen bis zu 30 Zentimeter langen Stacheln kann sich der schlanke Fisch hervorragend tarnen. Er hat auf beiden Seiten einen dünnen schwarzen Streifen, während der Rest des Körpers silbern ist. In dem silbernen Schuppenkleid spiegelt sich das Blau des Meeres wieder, so dass der Fisch beinahe unsichtbar wird – bis auf die schwarzen Streifen. Und das ist auch sein Trick: Der Streifen sieht nämlich aus wie ein Stachel des Seeigels. Wenn sich der Fisch jetzt zwischen die anderen Stacheln mogelt, sieht

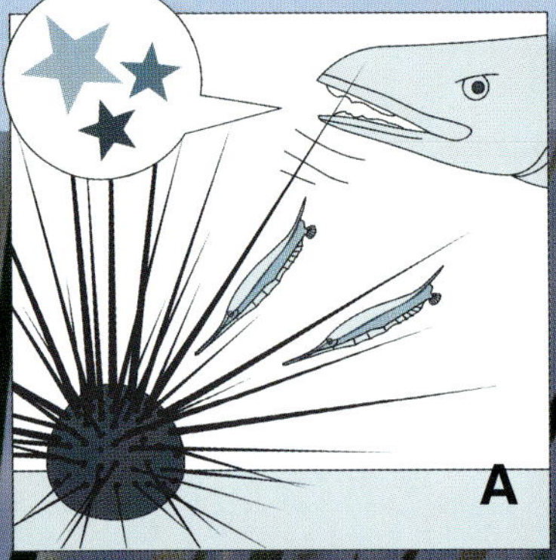

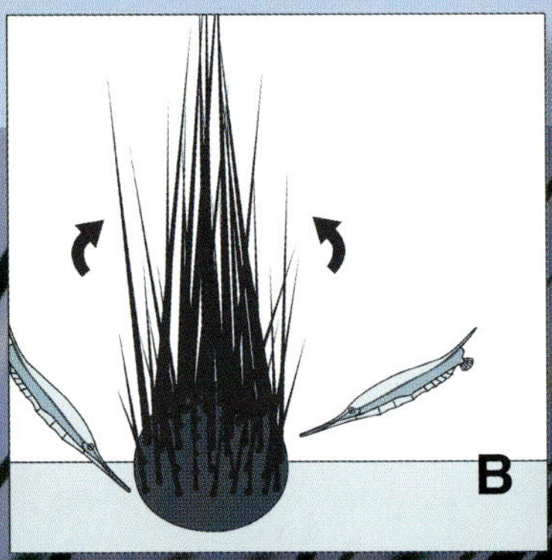

er wie ein Teil des Seeigels aus. Ein Raubfisch würde sich kaum an einen Seeigel heranwagen **(A)**.

Der Seeigel bemerkt den Schnepfenmesserfisch spätestens dann, wenn er von seinem Gast geputzt wird. Bereitwillig klappt der Igel dabei die Stacheln sogar nach oben **(B)**. Das macht er deshalb, damit der Fisch auch an die Unterseite des Seeigels kommt, ohne sich dabei zu verletzen.

Die Stacheln eines Diademseeigels sind sehr heimtückisch! Sie haben feine Widerhaken und können nicht einfach herausgezogen werden. Bei Berührung brechen sie leicht ab und bleiben in der Wunde stecken. Das ruft Entzündungen hervor, die tödlich enden können. Der Schnepfenmesserfisch muss daher sehr vorsichtig sein.

Die Artenvielfalt der Seeigel ist groß und sie sind weltweit verbreitet. Es gibt auch Seeigel mit weniger langen Stacheln, aber sie sind deswegen nicht unbedingt harmloser.
Sie wandern wie Seesterne langsam auf vielen kleinen Saugfüßchen, die sich auf ihrer Unterseite befinden, über den Boden. Sie suchen den Meeresgrund nach Grünalgen ab, die sie wie Kühe auf der Weide abgrasen. Das machen sie mit ihrem schnabelförmigen Maul, das sich ebenfalls auf ihrer „Bauchseite" befindet.

Akazien sind sehr „pfiffige“ Bäume. Einige von ihnen haben irre Tricks drauf, um zu überleben. Eine bestimmte Art kann sogar seine Baumkollegen bei Gefahr warnen.
Knabbert beispielsweise eine Giraffe an den Blättern der Akazie, so kann der Baum den Geschmack seiner Blätter binnen kurzer Zeit auf bitter umstellen! Die Giraffe wendet sich angewidert ab, denn das schmeckt ihr gar nicht. Sie sucht also die nächsten Akazien auf. Aber wie ärgerlich: Auch die Blätter der anderen Bäume schmecken widerlich. Der Clou: Die Bäume wurden schon von dem angeknabberten Baum gewarnt: „Hey, macht eure Blätter bitter, da kommt so ein gefräßiger Langhals!“. Natürlich hat der Baum das nicht wirklich gerufen, sondern stattdessen einen Duftstoff geschickt, auf den die anderen Bäume reagieren, indem sie ihre Blätter auch bitter machen. Die Giraffe geht also leer aus...

Ameisen mit grünen Daumen

Ameise (Pseudomyrmex spec.) **/ Ameisenakazie** (Acacia collinsii)

In den Tropen wachsen ungewöhnliche Bäume, so zum Beispiel die Ameisenakazie. Die Tatsache, dass Ameisen im Inneren des Baums entstandene Hohlräume bewohnen, wird dich vielleicht nicht besonders überraschen. So etwas ähnliches hast du vielleicht schon mal bei unseren heimischen Bäumen gesehen. Aber hättest du gedacht, dass die Ameisenakazie für die Ameisen sogar zusätzlichen Wohnraum schaffen kann? Sie lässt dazu hohle, tischtennisballgroße Knubbel an ihren Dornen wachsen **(A)**. Außerdem bildet sie an den Zweigen kleine Nektardrüsen. Die erzeugen einen süßen Saft, von dem sich die Ameisen ernähren. So lässt es sich offenbar sehr gut leben. Deshalb kann eine Akazie Ameisenstaaten mit 10.000 Tieren und mehr beherbergen.

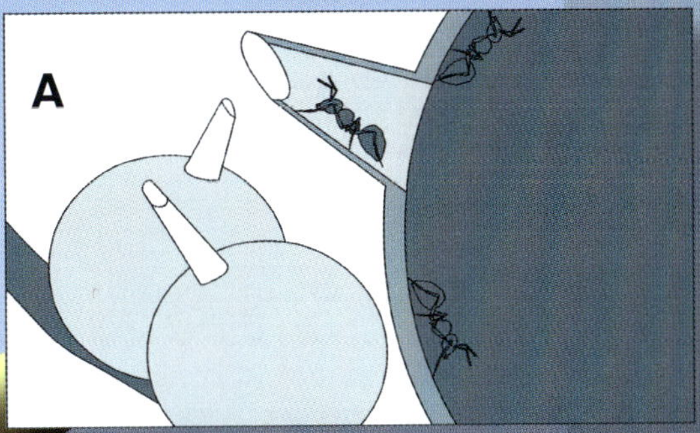

Und das lohnt sich auch für den Baum, denn die Ameisen sind umsichtige Gärtner: Sie halten Schädlinge und größere Säugetiere fern, die sich am Grün des Baumes gütlich tun wollen. Außerdem schnippeln die Ameisen mit ihren scharfen Beißwerkzeugen zu nahestehende Bäume und Sträucher weg **(B, C, D)**. Das machen sie, damit diese „ihrem" Baum weder Sonnenlicht noch Wasser nehmen können.

Wenn die Ameisen neue Staaten gründen, suchen sie sich gezielt Bäume aus, die ihnen die besten Lebensbedingungen bieten. Also am liebsten eine Ameisenakazie mit komfortablen Wohnknubbeln und leckerem Nektar. Gegründet werden die Staaten von den Ameisenjungfern. Das sind die Ameisen eines bereits bestehenden Staates, die mit Flügeln zur Welt kommen. Denn nur sie können zur Königin eines neuen Staates werden.

Bienenfresser setzen sich zum Reiten nicht nur gerne auf Trappen, sondern auch auf Nashörner, Elefanten und Giraffen. Der Vorteil dieser Fortbewegungsmittel ist ihre Größe und ihre Gefährlichkeit. Wenn man sich in deren Nähe aufhält, bleiben Fressfeinde auf Abstand. Außerdem schnappt der Bienenfresser Fliegen aus der Luft, die vom Großwild aufgescheucht werden.

Der wandelnde Aussichtsplatz

Riesentrappe (Ardeotis kori) / **Scharlachspint** (Merops nubicus)

Hast du schon mal gesehen, wie ein Vogel einen anderen Vogel „Huckepack“ nimmt? Also ihn wirklich reiten lässt...?

In Afrika lebt der farbenprächtige Scharlachspint. Der Vogel gehört zu den Bienenfressern und ist ständig auf der Suche nach Bienenstöcken. Auf seinem Weg kommen dabei oft einige hundert Kilometer am Tag zusammen. Da müssen die Vögel natürlich auch mal verschnaufen. Wäre der Scharlachspint ein Vogel wie jeder andere, würde er sich vermutlich zum Rasten auf Zweige oder Felsen setzen. Macht er aber meistens nicht. Warum auch, wenn man sogar beim Rasten vorankommen kann. Wie das geht? Er flattert auf den Rücken eines anderen Vogels und lässt sich mitnehmen.

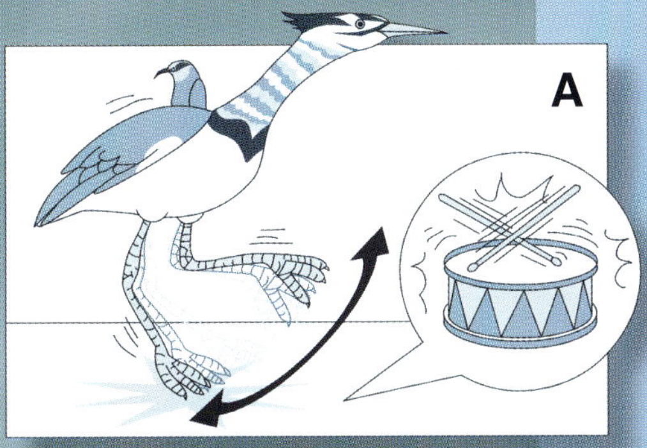

Der andere Vogel ist eine Riesentrappe, die zwar ein wenig fliegen kann, aber sich nur in die Lüfte erhebt, wenn Gefahr droht oder bei Kämpfen. Lieber ist die Trappe zu Fuß unterwegs. Denn ihre Beine sind, ähnlich wie bei Straußen, kräftig und zum Laufen gemacht. Wenn es brenzlig wird, kann die Trappe damit recht schnell laufen oder heftig treten. Für den Spint also ein ideales Fortbewegungsmittel, das zudem noch Extras bietet:

„Trappe“ heißt der Vogel nämlich, weil er durch „trappelndes“ Fußstampfen **(A)** Kleintiere im Gras aufscheucht, um diese zu jagen. Diese Eigenschaft ist auch für die Scharlachspinte von Vorteil. Wenn Insekten aufgescheucht werden, schnappen auch sie tüchtig zu.

Komm doch, wenn du dich traust!

Clownfisch (Amphiprion percula) **/ Seeanemone** (Actiniaria)

Weißt du, dass Seeanemonen und Quallen etwas gemeinsam haben? Beide sind Nesseltiere. Nesseln sind wie winzige Harpunen **(B)**, die bei Berührung **(A)** abgeschossen werden, sich in die Haut bohren und das Opfer vergiften **(C)**. Durch das Gift werden kleinere Tiere gelähmt oder sogar getötet! Für den Menschen ist das auf jeden Fall eine sehr schmerzhafte Sache. Diese wehrhafte Eigenschaft ist ein hervorragender Schutz, den auch Clownfische gegen Fressfeinde nutzen, obwohl sie selbst keine Nesseln besitzen.
Anemonen haben eine Schutzschicht, damit sich ihre Tentakel nicht gegenseitig mit den Nesseln vergiften. Der Clownfisch nimmt durch kurze beabsichtigte Berührungen etwas von der Schutzschicht auf. Dies wiederholt er so oft, bis er genug „Schutzsalbe“ angenommen hat. Wenn ein Clownfisch so „eingecremt“ ist, erkennt die Seeanemone ihre eigene Schutzschicht am Geruch. Der Fisch wird daher nicht für einen Angreifer gehalten. So schützt die „Salbe“ ihn vor dem Nesselgift und der Clownfisch kann sich ohne Gefahr zwischen den Tentakeln verkriechen. Seine Fressfeinde werden sich hüten, sich der Anemone zu nähern.
Als Gegenleistung führen Clownfische regelmäßig Hausputz an ihrer Gastgeberin durch. Sie befreien dabei die Seeanemone von Schmutz und Algen. Außerdem verjagen sie Anemonen fressende Fische.

Jede einzelne Seeanemone hat jedoch ihren eigenen „Geruch“, selbst wenn sie zur selben Art gehört. Ein fremder Geruch wird als Feind oder Beute wahrgenommen. Wenn für den Clownfisch also ein „Umzug“ ansteht, muss er wieder von vorne anfangen und den „Geruch“ der neuen Anemone annehmen. Wenn Clownfische längere Zeit von ihrer eigenen Anemone fernbleiben, verlieren sie allmählich den Schutz gegen die Nesseln und müssen sich auch dann neu „eincremen“.

Seeanemonen bleiben nicht auf der Stelle stehen, sondern sie schleichen wie Schnecken umher. Wenn sie dabei auf eine andere Anemone treffen, kann es sogar zu Kämpfen zwischen ihnen kommen. Sie stehen dann nahe beieinander und recken dem anderen die Tentakel entgegen. Sie „greifen“ dabei sogar ineinander, als würden sie miteinander ringen. Bei den Kämpfen bringen sich die Tiere mit ihren Nesseln üble Verletzungen bei. Aber oft ergreift einer der Kontrahenten nach einem kurzen Schlagabtausch die Flucht – natürlich im Schneckentempo. Manche Taucher wollen beobachtet haben, wie Clownfische ihrer Anemone beim Kampf geholfen haben. Sie sollen dabei den feindlichen Nesseltieren immer wieder in den weichen Stamm geboxt haben. So etwas scheint gewaltig zu nerven und einen schnellen Rückzug zu bewirken!

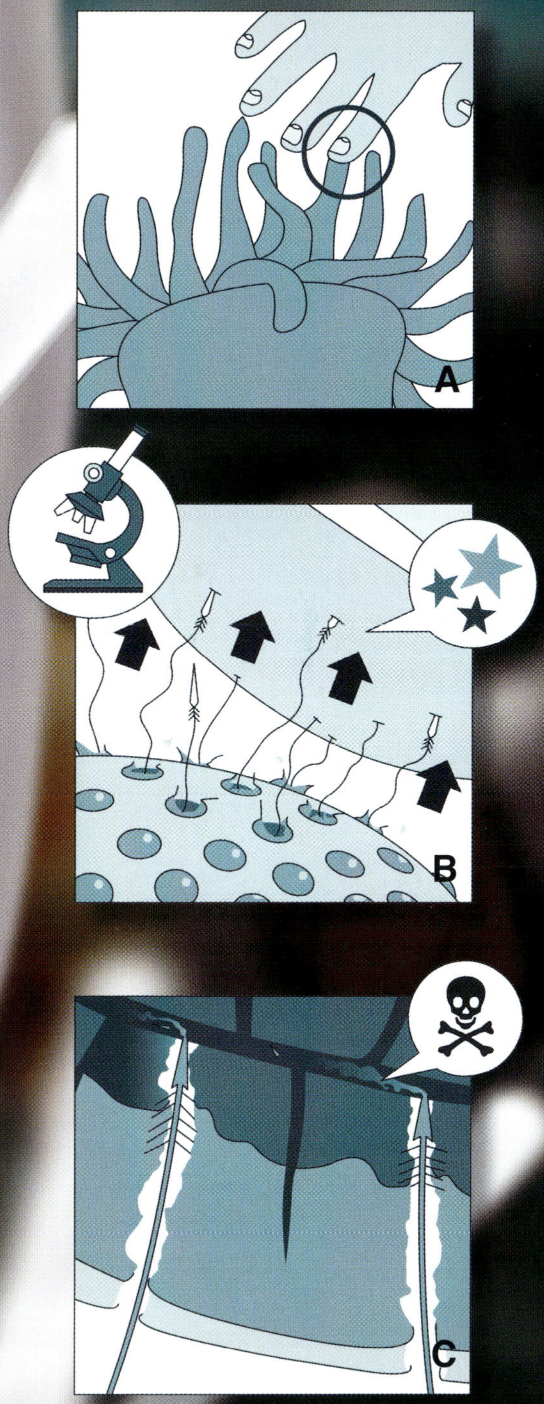

Der Name „Faultier“ passt nur zum Teil. Denn sie können auch schon mal ziemlich flott werden – für ihre Verhältnisse. Wenn es dämmert oder dunkel ist, werden sie recht aktiv. Sie fühlen sich wahrscheinlich im Dunkeln sicherer. Dieses Verhalten ist aber kaum bekannt, weil die meisten Forscher Faultiere früher für „tagaktiv“ hielten und sie auch nur bei Tag beobachtet haben.

Ruhige Seele mit Untermietern

Dreizehenfaultier (Bradypodidae) **/ Faultierzünsler** (Pyralidae)

Hast du im Zoo schon mal ein Faultier beobachtet? Oder hast du es vielleicht nicht bemerkt? Denn viele sehen Faultiere gar nicht. So ergeht es vor allem den meisten Tieren in den Regenwäldern, wo dieses interessante Tier lebt. Und das ist auch der Sinn der Sache!
Denn das Dreizehenfaultier ist Profi darin, nicht aufzufallen. Es nutzt seine sehr geruhsame Art der Fortbewegung als Lebensversicherung. Die Bewegungen in den Baumkronen sind so langsam, dass es fast so scheint, als bewegte es sich überhaupt nicht. Zumindest von Fressfeinden wird es nicht wahrgenommen. Und wo scheinbar nichts ist, kann auch nichts gejagt werden!

Es gibt ein Sprichwort das besagt: „Ein Stein, der nicht rollt, setzt Moos an!". In dem Fall stimmt das sogar. Die Trägheit des Faultiers ermöglicht langfädigen Grünalgen, auf seinem Fell zu gedeihen. Algen wachsen gerne, wo es feucht ist – im „Regenwald", wo es täglich wie aus Eimern schüttet, ist das kein Kunststück. Die Algen geben dem Faultier eine grünliche Tarnfarbe. Somit wird das Faultier im Dickicht praktisch unsichtbar! Allein hierbei kann man schon von einer Symbiose sprechen...
Das nasse Fell des Faultieres lockt auch kleine Untermieter an. Es sind „Faultierzünsler" – eine Mottenart. Sie nisten sich recht zahlreich im dichten Faultierpelz ein. Den Gastgeber scheint das nicht weiter zu stören.
Und die Motten fühlen sich sehr wohl bei ihm: Sie finden Schutz und Verpflegung im Pelz. Sie ernähren sich von alten Hautschuppen und von den Algen. Man vermutet sogar, dass durch die Falter zu starke Algenwucherungen verhindert werden. Algen wachsen nämlich recht schnell und können sich, wenn es häufig regnet, mit Wasser vollsaugen. Dadurch werden sie ziemlich schwer. Bei aller Liebe zur Tarnung, aber da würde behäbiges Hangeln des Faultieres zu einer anstrengenden Kletterpartie.

Das Faultier macht sich tatsächlich die Mühe, einmal in der Woche zum Boden zu klettern. Das tut es, um ein Häufchen zu machen. Faultiere haben dafür einen speziellen Platz – eine Toilette **(A)**! Dieses Verhalten soll wohl verhindern, dass Fressfeinde auf Faultiere aufmerksam werden. Stell dir vor, neben dir würde plötzlich Kot niederregnen – du würdest automatisch nach oben sehen. Genau das gilt es wegen der Raubtiere zu vermeiden, die dem Faultier gefährlich werden können. Deshalb wird für das „Geschäft" der aufwändige Abstieg in Angriff genommen.
Für die Motten hat das auch einen Vorteil. Denn sie flattern auf den frisch gesetzten Haufen und legen dort ihre Eier ab, damit sie gut mit Nährstoffen versorgt sind. Danach geht es wieder ins Fell zurück. Wenn das Faultier beim nächsten Abstieg zum „stillen Örtchen" schleicht, kriecht eine neue Generation Motten zu ihm ins Fell **(B)**.

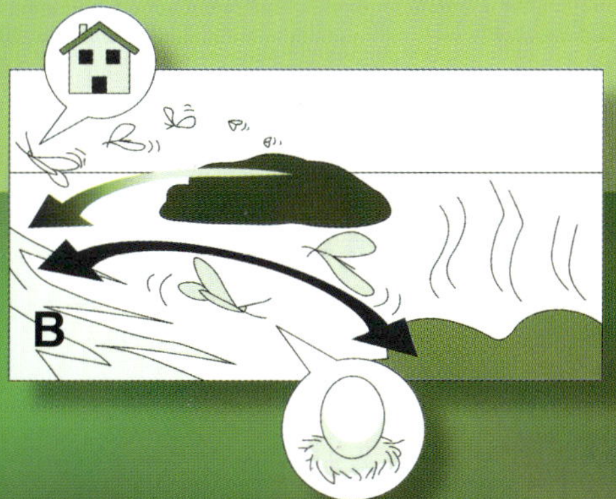

Babysitter für Achtbeiner

Riesenvogelspinne (Theraphosa blondi) **/ Engmaulfrosch** (Microhylidae)

Vielleicht überrascht es dich, dass Vogelspinnen in Südamerika so groß wie Essteller werden können?! Riesenvogelspinnen werden so groß. Sie jagen, wie der Name schon sagt, sogar kleine Vögel. Aber auch Insekten, kleine Eidechsen und Frösche stehen auf dem Speiseplan. Eine Froschart wird jedoch von ihnen bewusst verschont: Der Engmaulfrosch. Er ist winzig und hat trotzdem von der Spinne nichts zu befürchten. Im Gegenteil! Sie beschützt ihn sogar vor allen möglichen Fressfeinden, indem sie sich zwischen den Frosch und den Feind stellt. Dabei streckt sie dem Eindringling drohend die Vorderbeine entgegen **(A)**. Wenn das nicht wirkt, geht die Spinne auf Angriffskurs und nutzt dazu, wenn nötig, ihre Furcht erregenden Kieferklauen.

Aber wieso setzt sich eine Riesenspinne so stark für einen winzigen Frosch ein? Das hat einen guten Grund: Der Engmaulfrosch schützt den Kokon der Spinne vor Ameisen, Milben und anderem Kleingetier, das es auf ihre Eier abgesehen hat. Dass der Kokoon wie ein Futtermagnet wirkt, kommt dem Engmaulfrosch sehr gelegen. So ist der Tisch für ihn nämlich immer reich gedeckt. Die Spinne selbst ist so groß, dass sie mit ihrem Beißwerkzeug kleine Insekten einfach nicht zu packen bekommt. So als würdest du versuchen, mit deinen Fingern Flöhe zu fangen – fast unmöglich! Diesen Job erledigt für die Spinne der Frosch, indem er die winzigen Parasiten verschlingt. So ist der Spinnennachwuchs vor dem Kleingetier sicher, und der Frosch darf im Gegenzug in einer schönen feuchten Höhle wohnen, mit viel Futter und vor allem einem von Feinden gefürchteten Beschützer.

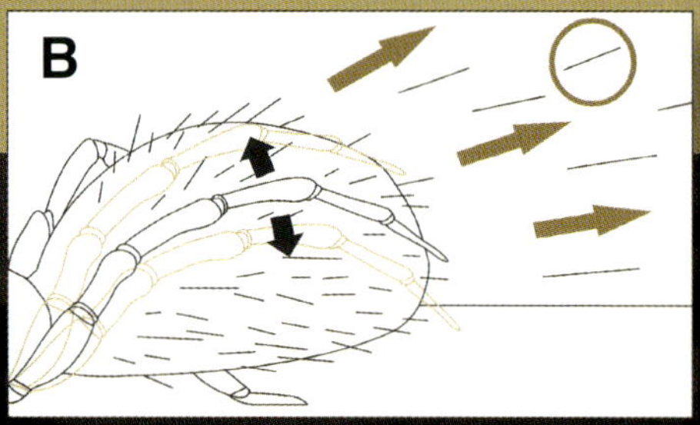

Bevor Vogelspinnen ihre Giftzähne einsetzen, nutzen einige von ihnen eine besondere Waffe, um den Gegner erst einmal auf Abstand zu halten:
Sie zeigen dem Feind ihr haariges Hinterteil und streifen mit ihren Beinen darüber. Dadurch schießen sie dem Gegner ihre Härchen wie Pfeile entgegen **(B)**. Mit ihren kleinen Widerhaken bohren sich diese Härchen **(C)** in die Haut des Getroffenen und lösen einen stark brennenden Juckreiz aus. So werden sogar größere Tiere und Menschen wirksam in die Flucht geschlagen!

Meeresschildkröten sind übrigens eine der wenigen Tiere, die giftige Quallen jagen und fressen - sie sind ja gut gepanzert! Sie erbeuten selbst Quallen, die für den Menschen tödlich wären. Sie beißen ihnen zuerst die giftigen Tentakel ab. So können sie den „entwaffneten“ Quallenkörper ihren ungeschützten Schlund hinuntergleiten lassen. **Guten Appetit!**

Hausboot mit getrennten Schlafzimmern

Karettschildkröte (Eretmochelys imbricata) **/ Columbuskrabbe** (Planes minutus)

Auf den ersten Blick fallen die Untermieter von Meeresschildkröten nicht gleich auf. Denn die Columbuskrabbe ist klein und versteckt sich. Sie nutzt die Schildkröte als eine Art Hausboot, indem sie sich einen Schlupfwinkel am Hinterteil der Schildkröte, in einer Hautfalte zwischen dem Schwanz und den Hinterbeinen, sucht **(A)**. Nur wenn die Schildkröte langsam schwimmt oder rastet, wagt sich die Krabbe aus ihrem Versteck, sonst würde sie sich auf dem recht glatten Panzer auch gar nicht festhalten können. Wenn sich beim Spaziergang auf dem Panzer etwas Bedrohliches nähert, flüchtet die Krabbe wieder zurück in ihren Schlupfwinkel.

Die Krabbe frisst nicht nur Parasiten vom Schildkrötenpanzer, sondern auch Algen. Besonders gut wachsen Algen, wenn sie viel Sonnenlicht abbekommen. Und da die Schildkröte immer wieder zum Luftholen auftauchen muss, bekommt sie ständig Sonne ab. Dadurch bietet sie den Algen ideale Voraussetzungen, um auf ihrem Panzer zu wachsen. Doch die Krabbe sorgt dafür, dass die Algen nicht überhandnehmen. Denn dann würde die Schildkröte im Wasser gebremst. Das ist so ähnlich, als würdest du beim Schwimmen ein T-Shirt oder sogar einen Wollpullover anziehen. Sie würde immer langsamer und müsste immer mehr Kraft aufbringen, um von der Stelle zu kommen.

So harmonisch Krabbe und Schildkröte zusammenleben, so zickig kann die Krabbe zu anderen sein. Sie mag es nämlich gar nicht, wenn sich ein fremdes Tier zusätzlich auf der Schildkröte niederlässt. Der ungebetene Gast wird dann äußerst unsanft attackiert und von „Bord" gejagt. Selbst Artgenossen werden nicht verschont.
Nur wenn es um die Familie geht, gibt es eine Ausnahme. Frau Krabbe und Herr Krabbe teilen sich den Schildkrötenpanzer, indem jeder seine „Hälfte" hat. Und jeder hat auf seiner Seite seine eigene Hautfalte zum Verstecken. Wenn die Schildkröte ruht, paaren sich die beiden. Die befruchteten Eier werden von Frau Krabbe gelegt. Aus zahlreichen Eiern schlüpfen schließlich Krabbenlarven, die im Wasser umhertreiben, bis sie groß genug geworden sind. Dann suchen sie sich eine eigene Schildkröte, wenn sie eine Freie finden. Ansonsten geben sie sich mit einem Platz auf umherschwimmendem Treibgut zufrieden.

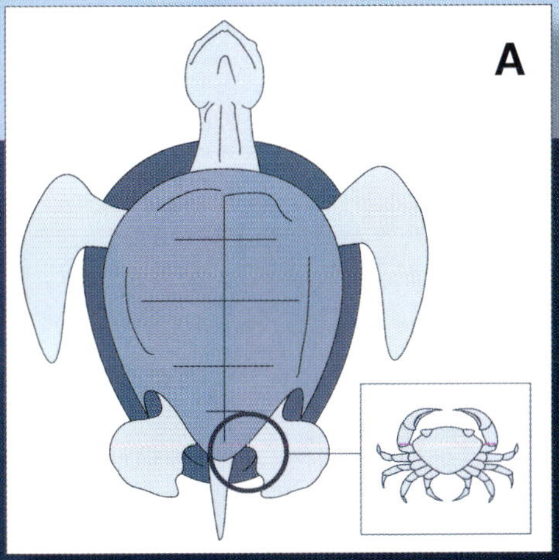

Wellnessfarm für Schwergewichte

Flusspferd (Hippopotamus amphibius) **/**
Fransenlipper (Labeo spec.)

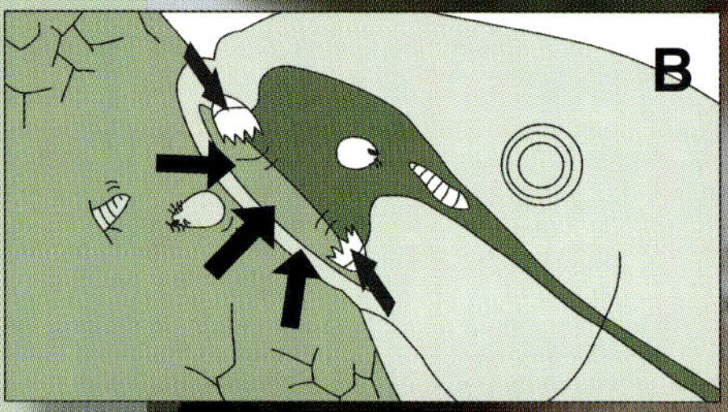

Nilpferde – auch „Flusspferde" genannt – lieben Fische! Aber nicht so, wie du jetzt vielleicht denkst – sie sind reine Pflanzenfresser. Vielmehr schätzen die Dickhäuter die pflegenden Eigenschaften der Fische.

Das Flusspferd verputzt jeden Tag eine Menge Gras und Wasserpflanzen. Dadurch lässt es natürlich auch eine Menge Kot ins Wasser fallen. Durch den „herrlich" riechenden Mist werden unzählige Fische angelockt, die sich davon ernähren. Buntbarsche mögen`s sogar besonders frisch – sie schlüpfen in den Po des Nilpferdes und fressen den Kot direkt von der „Quelle". Über mögliche Verstopfungen wird sich das Nilpferd wohl nicht beschweren...

Saugbarben und die gigantischen schwarzen Fransenlipper, die hier abgebildet sind, putzen mit Vorliebe die Haut der Flusspferde. Mit ihren kräftigen Mäulern, die wie Saugpfropfen funktionieren **(A)**, entfernen sie Algen, Parasiten und alte Hautschuppen. Hinter ihren Sauglippen haben die Fransenlipper scharfe Zahnreihen, mit denen sie die Haut der Flusspferde sanft „abhobeln" **(B)**.

Diese Pflegedienste sind so angenehm für die Flusspferde, dass sie freiwillig Plätze aufsuchen, wo diese Fische in Massen auftreten. Bereitwillig öffnen die Nilpferde ihre mächtigen Mäuler, um sich auch dort pflegen zu lassen.

Da Flusspferde sehr gefährlich werden können, wagt sich auch kaum ein anderes Tier in ihre Nähe. Also haben Fransenlipper & Co. keine Fressfeinde zu befürchten, solange sie sich in der Nähe eines Hippos aufhalten.

Der viele Kot der Nilpferde ist nicht nur Nahrung für Tiere, sondern auch gehaltvoller Dünger für Pflanzen. Durch den Kot wird das Wasser mit wertvollen Mineralien und Salzen angereichert. Das gedüngte Wasser fließt den Fluss entlang und nährt auf seinem Weg die Pflanzenwelt im Wasser und an den Uferregionen.

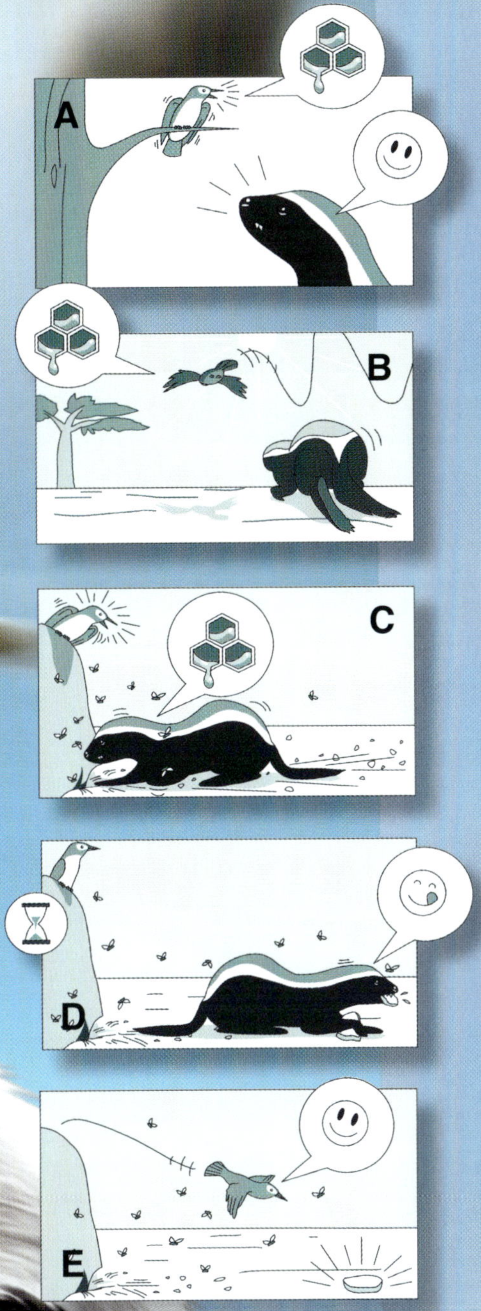

Ein Dachs mit Vogel hat Schwein!

Honigdachs (Mellivora capensis) **/ Honiganzeiger** (Indicator indicator)

Wusstest du, dass die Chancen, in der afrikanischen Savanne zu überleben, höher sind, wenn Tiere mit Verstand statt nur mit Kraft handeln? Das afrikanische Steppenland ist karg und trocken. Hier und da wachsen vielleicht ein paar dornige Sträucher und Bäume. Wasser und Nahrung sind in der Savanne nur mit großer Mühe zu beschaffen. Doch durch kluge Zusammenarbeit fällt vieles leichter:
Ein kleiner Vogel, der Honiganzeiger, weiß, wie es geht. Er kann Honigquellen mit seinem ausgeprägten Geruchssinn aufspüren und sich deren Standorte genau merken. Und das in einem Gebiet, das so groß ist wie 2.500 Fußballfelder!!! Dem Vogel fehlt allerdings die Kraft, die Bienennester im Boden selbst auszuheben.

Er ist jedoch klug genug, sich einen Helfer zu suchen. Meist wird er auch schnell fündig, weil die kräftigen Honigdachse den Ruflaut des Vogels kennen **(A)**. Für den Dachs ist der Honiganzeiger nämlich wie eine gute Fee, die ihm einen seiner größten Wünsche erfüllt: Köstlichen Honig!
Haben sich beide gefunden, zeigt der Vogel dem Dachs den Weg **(B)**. Dabei achtet er darauf, dass er für den Dachs nicht zu schnell ist und wartet sogar auf ihn, wenn es nötig ist. Wenn beide dann endlich am Ziel angekommen sind, setzt sich der Honiganzeiger aufgeregt und fiepend in die Nähe des Bienenstocks. Dadurch entdeckt der Dachs den „Honigschatz“ und buddelt ihn frei **(C)**. Zwar gibt es vielleicht ein paar Piekse in die Nase, aber die Belohnung macht alles wieder wett: ein großes Stück Wabe voll mit leckerem Honig **(D)**!
Der Dachs lässt dem Honiganzeiger natürlich ein Stück übrig, um ihn für seine Dienste zu belohnen **(E)**. Allerdings hat es der Vogel weniger auf den Honig abgesehen, als vielmehr auf den Bienenwachs. Dieser unterstützt seine Verdauung und liefert dem Vogel lebenswichtige Nährstoffe, die nur er verwerten kann. Auch die freigeschaufelten Bienenlarven wandern direkt in den Vogelmagen...

Afrikanische Völker wissen den Nutzen des Honiganzeigers ebenfalls zu schätzen. Der Honigsucher lernt schnell, dass die Eingeborenen beim Honigraub sehr geschickt sind und führt sie deshalb genauso zuverlässig zu den Honigquellen wie den Dachs. Damit der Vogel auch immer wieder gerne mit den Menschen zusammen arbeitet, bekommt er als Belohnung ein großes Stück Honigwabe.

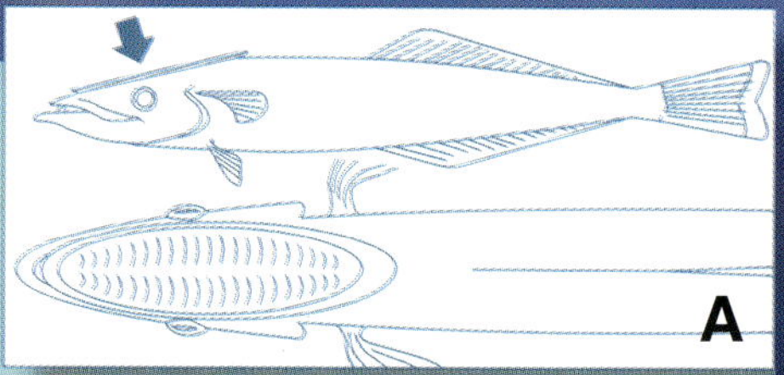

Schwimmende Staubsauger

Mantarochen (Manta birostris) **/ Schiffshalter** (Echeneidae spec.)

Täglich wäschst du dich und putzt dir die Zähne – so ähnlich machen es auch einige Meeresbewohner. Und das, obwohl sie weder Badezimmer noch Zahnbürste, Waschlappen oder Handtuch haben. Abtrocknen wäre natürlich albern unter Wasser, aber für den Rest findet sich im Meer immer ein Helfer, der diesen Job übernimmt.
Hier sind es ganz bestimmte Fische: Die Schiffshalter. Der Name stammt aus der Römerzeit. Man dachte damals, dass sehr viele Schiffshalter sich an Schiffsrümpfen festsaugen und das Schiff sozusagen „festhalten" und dadurch die Fahrt verlangsamen. Das ist aus heutiger Sicht natürlich Unsinn! Es stimmt jedoch, dass Schiffshalter in großen Mengen im Ozean vorkommen und Profis im Festsaugen sind. Das Besondere der Schiffshalter ist eine spezielle Saugnapfflosse und ihr auf dem Kopf vorhandenes Maul **(A)**. Mit der Saugnapfflosse saugen sie sich fest und putzen dann mit ihrem Maul alles sauber. Sogar das weit geöffneten Maul des Mantas lässt sich so wunderbar reinigen. Wenn zum Putzen ein Schiffshalter in den Manta-Rachen vordringt, kann er völlig gefahrlos wieder herausschwimmen oder er wird einfach vom Manta ausgespuckt.

Wie diese Mantarochen versammeln sich auch Fische und sogar Haie an Plätzen, wo es von Schiffshaltern nur so wimmelt, um sich von ihnen putzen zu lassen. Denn auch im Wasser gibt es Parasiten, die gefährliche Krankheiten verursachen können. Ohne die Hilfe von putzenden Fischen wie den Schiffshaltern wäre zum Beispiel der Manta gezwungen, ständig aus dem Wasser zu springen und laut klatschend wieder einzutauchen. So versucht er nämlich, lästige Parasiten abzuschütteln, wenn gerade keine Putzhilfe in der Nähe ist.

Mantas sind ziemlich friedlich, auch wenn sie mit Haien verwandt sind. Sie fressen nur Plankton. Das besteht aus Unmengen an mikroskopisch kleinen Wassertieren und Algen. Dieses Plankton filtert der Manta mit Hilfe eines feinen, siebartigen Gewebes (Kiemenreusen) an seinen Kiemen aus dem Wasser. Mit weit geöffnetem Maul lässt der Manta zunächst Wasser und Plankton einströmen. Das Wasser entweicht dann direkt wieder durch die Kiemenöffnungen auf der Bauchseite. Das Plankton bleibt jedoch in den Kiemenreusen hängen und wird aufgegessen.

Es gibt allerdings auch bei den Madenhackern „Spitzbuben“: Beim Zupfen von Parasiten können kleine, blutende Wunden entstehen. Mit blutverschmierten Schnäbeln sitzen einige Madenhacker dann zum Beispiel auf einem Nashorn und stecken ihre Köpfe tief in die frische Fleischwunde, um Blut zu lecken. Diese „schwarzen Schafe“ unter den Vögeln verlieren dann oft die Lust an den Parasiten und entwickeln stattdessen einen vampirähnlichen Appetit.

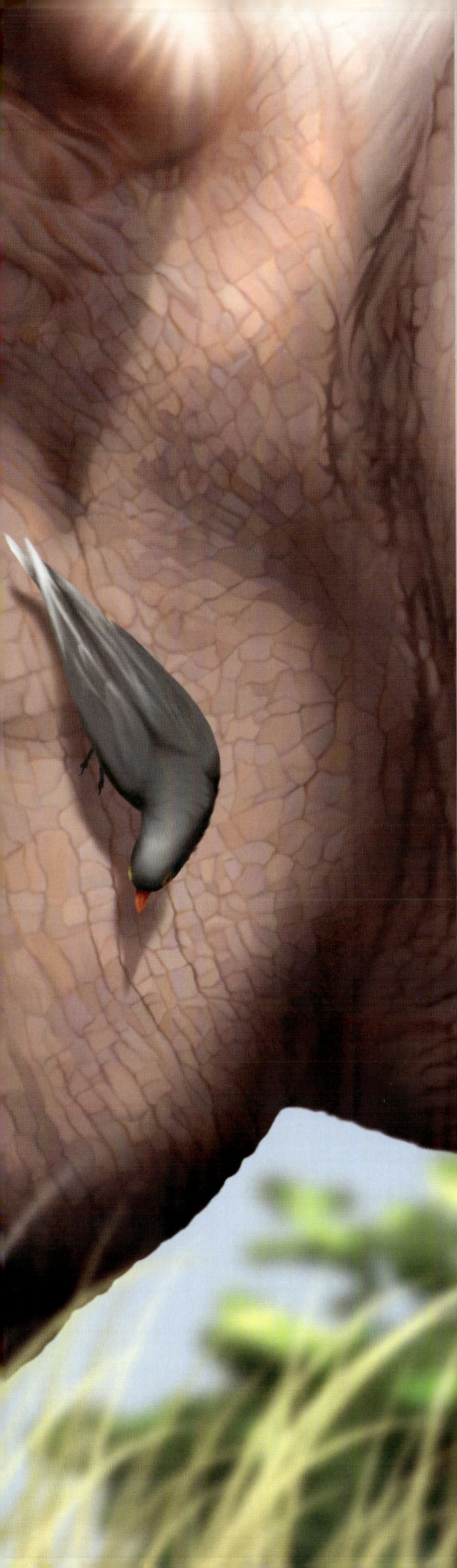

Putzige Kerlchen und klotzige Riesen

Spitzmaulnashorn (Diceros bicornis) **/ Madenhacker** (Buphagus)

Hat dir schon mal ein Arzt eine Zecke entfernen müssen? Lästige Viecher! Auch das Nashorn wird in der afrikanischen Savanne ständig von Zecken, Milben und Maden geplagt. Und diese Parasiten sind nicht nur lästig, sondern sie können auch zu Erkrankungen führen. Aber zum Glück gibt es so genannte Madenhacker. Diese possierlichen, überaus fleißigen Vögel gesellen sich zu allen möglichen Tieren, um diese von den lästigen Schmarotzern zu befreien. Denn für die Madenhacker sind die Parasiten ein gefundenes Fressen. Sie holen selbst tief in der Haut sitzende Maden heraus, die abgestorbenes Gewebe fressen **(A, B)**. Deshalb sind diese Vögel zum Beispiel bei Giraffen, Gnus und eben dem Nashorn äußerst gern gesehene Gäste. Weil diese Tiere ständig von neuen Parasiten befallen werden, haben sie oft über eine lange Zeit ihren ganz persönlichen Vogel.
Außerdem erbeuten Madenhacker Insekten, die im Gras von den großen Tieren aufgescheucht werden. Und das hat sein Gutes, denn auf diese Weise werden nervige Fliegen und Bremsen weggefuttert, die sonst in die Augen und Nasenlöcher der Tiere krabbeln.

Und noch etwas macht die Vögel überaus beliebt: Wenn zum Beispiel eine Nashornmutter ihr Kalb beschützen will, muss sie ständig aufmerksam sein. Madenhacker dienen hier zusätzlich als hervorragende Alarmanlage: Wenn Gefahr im Verzug ist, warnen sie die Nashörner mit bestimmten Rufen.
Für die Vögel bietet das gute Verhältnis zu den teilweise recht gefährlichen Tieren nicht nur jede Menge Nahrung, sondern es gibt noch einen weiteren Vorteil: Ihre Gastgeber garantieren zuverlässigen Schutz vor Raubtieren. Denn wer würde sich auch nur in die Nähe eines Nashorns wagen?

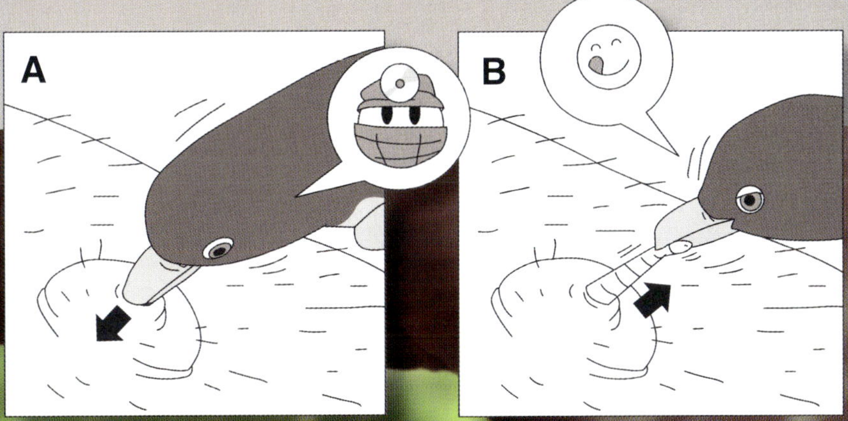

Einmal Mund auf und „Aah!“ sagen.

Muräne (Muraenidae) **/ Putzergarnele** (Lysmata spec.)

Damit deine Zähne keine Karies bekommen, putzt du sie dir mit Zahnbürste und Zahncreme. Hättest du gedacht, dass auch Fische Mundpflege brauchen, um nicht krank zu werden? Sie benutzen jedoch keine Zahnbürste. Stattdessen haben sie aber eine Art persönlichen Zahnarzt, der ihnen sorgfältig das Maul säubert.

Die Putzergarnele ist so ein Mundpflegeexperte; sie arbeitet schnell und gründlich. Mit ihren kleinen Scheren kommt sie sogar an schlecht zu erreichende Stellen wie Zahnzwischenräume, Kiemen und Hautfalten **(A)**.
Die Garnele ist in allen Meeren vertreten und sehr beliebt bei den Meeresbewohnern. Gefährliche Raubfische wie diese Muräne nehmen ihren Reinigungsservice gerne in Anspruch und teilen sogar ihre Höhle mit mindestens einer Putzergarnele. Obwohl die Muräne selbst Menschen angreift, wenn sie sich bedroht fühlt, würde sie niemals auf die Idee kommen, den kleinen Garnelen etwas anzutun. Denn wenn die kleinen Helfer nicht ihr Maul und ihren Körper von Algen und Parasiten reinigen, kann sie schwere Haut- und Maulerkrankungen erleiden und sogar daran sterben.

Für die fleißigen Putzteufelchen fällt dadurch immer etwas zum Fressen ab. Denn fast alles, was sie bei der Reinigung abzupfen, fressen sie einfach auf. In der Nähe ihrer Angst einflößenden Gastgeber brauchen sie zudem Fressfeinde nicht zu fürchten.

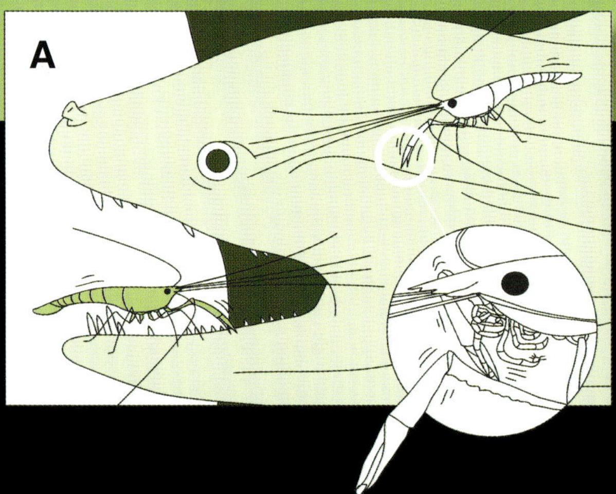

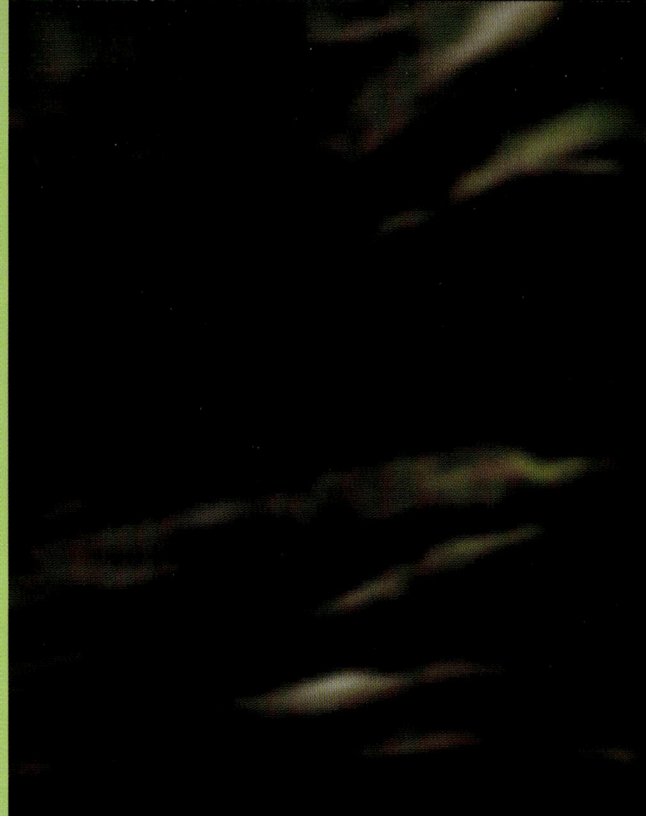

Putzergarnelen sind so sehr in die Putzrolle hineingeboren, dass sie alles reinigen, was ihnen vor die Scheren kommt. Sie sind so versessen darauf zu putzen, dass sie noch nicht einmal vor Menschen haltmachen: Einigen Tauchern gelingt es, sich ihre Zähne von Putzergarnelen reinigen zu lassen. Dazu öffnen sie ihren Mund und lassen die Garnelen hineinklettern. Mit der Zunge werden sie wieder hinausgeschubst.

Leckerli für helle Köpfe

Toko (Tockus leucomelas) **/ Zebramanguste** (Mungos mungo)

Magst du die possierlichen Erdmännchen? Wer tut das nicht? Das liegt wohl daran, dass sie sehr verspielt sind und irgendwie „menschlich“ wirken. Erdmännchen sind Schleichkatzen, die in der afrikanischen Savanne leben, wie auch die Zwergmangusten.

Sie sind daher auch mit den Erdmännchen verwandt und genauso gesellig und verspielt. Ins Spiel vertieft wird man aber manchmal auch unvorsichtig. Besonders wenn Nachwuchs da ist, wird es schwierig, die Kontrolle zu behalten. Mangusten stellen deshalb immer Wachposten auf. Naht zum Beispiel Gefahr aus der Luft durch einen Greifvogel, stoßen sie

einen „Luftalarm“ aus – dann heißt es: „Beine in die Pfoten genommen, die Kinder unter die Arme geklemmt und ab in die sichere Höhle!“.
Nach kurzer Zeit wagt sich der Wachposten wieder heraus, um zu sehen, ob die Gefahr vorüber ist.

Manchmal heißt es dann: „Oha! – Hoher Besuch!“. Denn es sind keine Greifvögel, sondern zum Glück nur Nashornvögel. Genauer gesagt „Tokos“. Auch wenn sie ausgesprochen streng aussehen, kommen die Mangusten neugierig aus ihrem Versteck.
Denn Tokos sind bei Schleichkatze & Co. oft beliebte Dauergäste. Wenn die Vögel sich einem Mangusten-Clan angeschlossen haben, erweisen sie sich als zuverlässige Alarmsirenen. Die Vögel sitzen auf Bäumen und haben dort einen sehr viel besseren Überblick als die recht kleinen Mangusten. Schon wenn sich etwas aus der Entfernung nähert, schlagen sie Alarm. So bleibt genug Zeit, zu verduften **(A)**.
Die Nashornvögel haben aber auch etwas davon, wenn sie bei den Schleichkatzen verweilen: Die Mangusten durchstreifen das Gras und jagen Insekten, die dabei aufgescheucht werden. Oft schnappen die Tokos ihnen dann diese Insekten vor der Nase weg. Wenn ein Toko auf ein aufgescheuchtes Insekt besteht, dann setzt er sich sogar mit rüden Methoden durch. Die Manguste, die es auf das gleiche Insekt abgesehen hat, bekommt dann auch schon mal eine Kopfnuss mit dem kräftigen Schnabel.

Tokos können aber auch besonders nett sein: Forscher wollen beobachtet haben, dass die Vögel ausgebüxten Mangustenkindern den Weg versperren und sie zurück zur Familie treiben **(B)**.

Mangusten sind geschickte Eierdiebe! Wenn sie einem unachtsamen Bodenbrüter ein Ei stibitzt haben, rollen sie es zu einem nahe liegenden Stein. Dort schmeißen sie es mit den Vorderpfoten durch ihre Hinterbeine rückwärts dagegen. Die Eierschale zerbricht und das Festmahl kann beginnen! Das machen sie so, weil ihr Maul zu klein ist, um die Schale einfach durchzubeißen.

Manche Menschen handeln gedankenlos, wenn sie einen Pilz am Boden sehen. Viele zertreten ihn sogar mit Absicht! Und manchmal deshalb, weil einige Pilze den Ruf haben, giftig zu sein oder es sogar sind. Das ist trotzdem kein Grund, sie niederzutrampeln! Auch die giftigen Pilze sind Nützlinge, die den Bäumen helfen. Also begegne Bodenpilzen respektvoll und lass sie bitte stehen...

Be(hut)same Helferlein

Buche (Fagus spec.) **/ Knollenblätterpilz** (Amanita spec.)

Eine der häufigsten Symbiosen findest du direkt vor der Haustür, zum Beispiel im Garten oder im Park. Es ist die Symbiose zwischen Pilz und Baum!
Wie diese Buche haben die meisten Bäume kräftige und tiefe Wurzeln. Mit diesen Wurzeln ziehen sie Wasser und Nährstoffe aus dem Boden. Beides wird dann über feine Äderchen durch den Stamm, die Äste und die Zweige bis in die Blätter transportiert. Was du vielleicht im Wurzelbereich nicht sofort erkennst sind feine Pilzgeflechte, sogenanntes „Myzel", die spinnenwebenartig bei jedem Baum im Boden mitwachsen **(A)**. Sie sind aus fliegenden Pilzsamen entstanden, die man „Sporen" nennt.

Aus den Sporen wird rasch ein Myzel, das mit dem Baum eine Einheit bildet. Die feinen Äderchen der Pilzgeflechte durchdringen sogar das Holz im Wurzelreich. Dort entnehmen sie dem Baum eine Zuckerlösung, die für die Pilze enorm wichtig ist. Im Gegenzug gibt der Pilz dem Baum Nährsalze zurück, die wiederum für den Baum sehr wertvoll sind. Auf diese Weise verhelfen sich Pilz und Baum zu besseren Lebensbedingungen und können gemeinsam viel mehr Wasser und Nährstoffe aus dem Boden holen. Selbst wenn es sich um hoch giftige Knollenblätterpilze handelt, bilden Pilz und Baum ein perfektes Team.
Im Spätsommer und Herbst, wenn es langsam regnerischer und kühler wird, bilden die Pilze übrigens erst über der Erde ihre typische Pilzform mit Hut und Stängel. Unter ihrem Hut sind feine Rillen, die man Lamellen nennt. Dazwischen sind die Sporen, die unter dem Schirm trocken lagern, bis der Wind sie herausbläst und fortträgt, damit sie neue Myzelien bilden.

Skorpione sind Überlebensprofis: Man kann sie lebend ins Tiefkühlfach legen und einfrieren. Wenn man danach den Eisklumpen in die Sonne legt, erwacht er zu neuem Leben! Selbst nach überirdischen Atomtests in amerikanischen Wüsten krabbelten überlebende Skorpione unbeeindruckt aus ihren Löchern. Selbst tödliche radioaktive Strahlung kann ihnen offenbar nichts anhaben.

Stachelige Gefährten

Kaiserskorpion (Pandinus imperator) **/ Dornschwanzagame** (Uromastyx spec.)

Eine alte arabische Weisheit besagt: „In der weiten Wüste ist ein Freund ebenso wichtig wie Wasser – ein Freund, der mit dir Wasser trägt und es mit dir teilt...".

Es gibt auf der Welt Wüstenregionen, wo diese Weisheit zutrifft:
Die Dornschwanzagame, eine stachelige Echse, durchstreift den Lebensraum des Wüstenskorpions. Normalerweise gehen sich beide aus dem Weg. Aber es kommt vor, dass Skorpion und Agame sich zusammentun und versuchen, zu zweit den harten Lebensbedingungen zu trotzen.
Sie haben festgestellt, dass das Verhalten des Nachbarn mit ihren eigenen Eigenschaften gut zusammenpasst: Die Agame ist sehr schnell und aufmerksam. Der Skorpion hingegen ist mit seinem Stachel äußerst wehrhaft. Zudem graben beide gerne Höhlen **(A)** und streiten sich nicht um das Essen. Der Skorpion ist nämlich Jäger und die Dornschwanzagame ist Vegetarier, also ein Pflanzenfresser. Agame und Skorpion sind besonders in der Nacht aktiv und suchen nach Nahrung. In der Wüste wird es nachts bitterkalt und am glatten Chitinpanzer des Skorpions sammelt sich Tau, den die Echse ableckt.

Wenn die Agame Gefahr erkennt, huscht sie in die Höhle und fühlt sich bei dem Skorpion sicher **(B)**. Denn wenn beide direkt bedroht werden, stellt sich der Skorpion dem Gegner zum Kampf. Wenn seine Drohgebärden nicht helfen, sticht er mit seinem Giftstachel zu **(C)**. Das Gift kann für kleinere Tiere tödlich sein. Großen Eindringlingen reicht der heftige Schmerz schon als Grund zur Flucht. Danach kriecht der Skorpion in die Höhle zurück und die Agame kann sich wieder entspannen. Dafür verjagt die flinke Echse zum Beispiel allzu neugierige Wüstenspringmäuse, die den Skorpion aus Verspieltheit ärgern. Die Wendigkeit der kleinen Nager überfordert den Skorpion schon sehr...

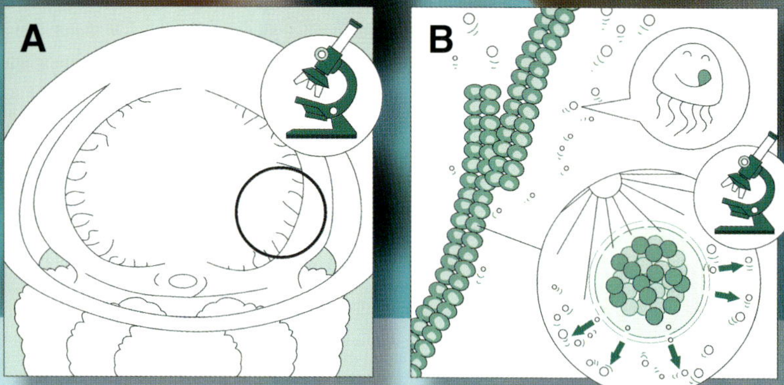

100.000 schwimmende Algengärten

Braunalgen (Phaeophyta) **/ Mastigiasqualle** (Mastigias papuae)

Wie alle Pflanzen brauchen Braunalgen Licht und Nährstoffe, um prächtig zu gedeihen. Darauf achtet als guter „Bauer“ auch die Mastigiasqualle.
Deshalb taucht sie bei der Morgendämmerung an die Wasseroberfläche, um „ihren“ Algen ausreichend Licht zu verschaffen. Wenn es Abend wird, taucht die Qualle mit ihren Zöglingen dann wieder in tiefere Regionen ab. Dort gibt es nämlich mehr Nährstoffe, um ihre Algen zu düngen. Das macht die Qualle natürlich nicht zum Spaß, sondern um Nahrung zu bekommen:
Die Algen wachsen nämlich im Verdauungsteil der Qualle **(A)**. Durch kleine Öffnungen in ihren Zellwänden geben die Algen laufend Nährstoffe in den Darm der Qualle ab. So wird sie mit lebenswichtiger Nahrung versorgt **(B)**.

Das beeindruckende Schauspiel, wenn Hunderttausende von Quallen an der Wasseroberfläche auftauchen, lässt sich besonders auf den Palau-Inseln beobachten. Diese Inselgruppe liegt inmitten des westlichen Pazifiks. Das Besondere an den Inseln sind mehrere kleine, von Land umschlossene Salzwasserseen. Dort fühlen sich die Quallen pudelwohl. Sie konnten sich in den Seen besonders stark vermehren, weil Fressfeinde nicht hineingelangen können. Und ohne Feinde brauchen sie auch keine Waffen. Deshalb haben sich ihre Giftnesseln über Tausende von Jahren zurückgebildet. Diese Quallen sind also völlig harmlos! Du könntest nackt durch sie hindurch tauchen, ohne dass dir etwas passiert. Aber es sind so viele, dass du keine zwei Meter weit gucken könntest!

Die Quallen sind vermutlich in die Seen gelangt, als sie sich vor Hunderttausenden von Jahren in Buchten aufgehalten haben. Durch Vulkanausbrüche wurden die Buchten vom offenen Meer abgetrennt. Es entstanden Salzwasserseen, die durch das poröse, wasserdurchlässige Vulkangestein weiterhin mit Meerwasser versorgt werden. Eine andere Annahme ist, dass sich Atolle (ringförmige Vulkansteingebilde) durch Vulkanausbrüche aus dem Wasser erhoben und die Quallen eingeschlossen haben.

Opfergaben von kleinen Krabblern

Schwarzgefleckter Bläuling (Glaucopsyche arion) / **Knotenameise** (Myrmica)

Etwas über antike Völker zu erfahren ist faszinierend, interessant und manchmal auch ganz schön grausam! Wusstest du, dass die Azteken beispielsweise regelmäßig blutige Menschenopfer gebracht haben. Sie töteten, weil sie glaubten, dadurch den Sonnengott milde zu stimmen und eine gute Ernte zu erhalten.
„Opfer" bringen auch Ameisen, wenn es darum geht, eine ganz besondere Köstlichkeit zu erhalten. Bei den Azteken hatten die Menschenopfer mit ihrem speziellen Glauben an

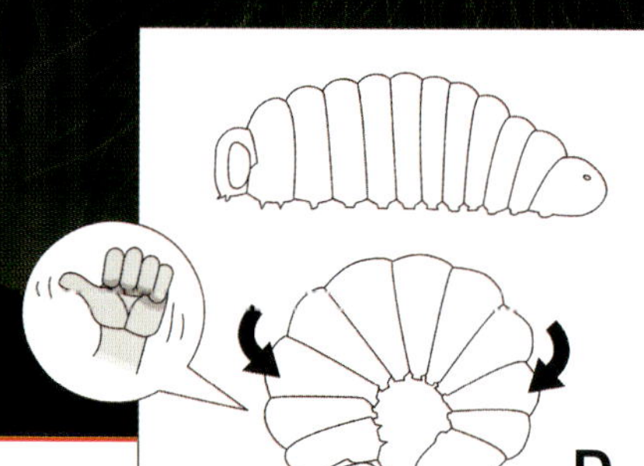

Die jungen Raupen setzen sich sehr gerne auf Thymianpflanzen. Thymian kennst du vielleicht als Gewürz in der Küche. Als Jungraupe fressen sie von dem Kraut der Pflanze. Dabei werden sie schon von Ameisen „gemolken" **(C)**. Wenn die Raupe älter wird, braucht sie viel Eiweiß, das ihr am besten Fleischkost liefern kann. Deshalb frisst sie die Puppen und Eier im Bau der Ameise. Außerdem kann sie so im sicheren Ameisenbau überwintern. Aber wie kommt sie dorthin? Dazu macht die Raupe einen „Katzenbuckel" **(D)**, um den Ameisen zu zeigen, dass sie mitgenommen werden will...

Götter zu tun. Die Ameisen erdulden ihre Opfer instinktiv, das heißt sie machen es einfach, ohne darüber nachzudenken. Sie opfern auch keinen Göttern, sondern einem anderen Insekt.
Die Raupe des Schwarzgefleckten Bläulings – ein prächtiger Schmetterling **(A, B)** – lässt sich von Ameisen absichtlich tief in ihren Bau schleppen. Das erscheint zunächst sehr unüberlegt, denn beinahe jeder Fremdling wird von den Ameisen angegriffen. Bei dieser Raupe wird jedoch eine Ausnahme gemacht:
Sie hat nämlich etwas, worauf die Ameisen scharf sind. Am Hinterleib der Raupe sondern Milchdrüsen einen Saft ab, den die Ameisen heiß und innig lieben **(C)**. Dafür muss sie jedoch auch genügend zu Fressen bekommen und bedient sich einfach bei den Eiern und Puppen der Ameisen. Dieses Opfer nehmen die Ameisen in Kauf, weil sie als Gegenleistung Unmengen des begehrten Saftes von der Raupe erhalten. Die Raupe frisst außerdem nur so viel, dass der Ameisenstaat keine großen Verluste erleidet.
Wenn die Raupe sich nach dem Verpuppen schließlich in einen Schmetterling verwandelt hat, besitzt sie keine Milchdrüsen mehr. Für die Ameisen gibt es daher keinen Grund mehr, den Untermieter weiter zu verschonen! Der Schmetterling muss dann zusehen, dass er den Bau schnell verlässt. Denn er wird während der Flucht aus dem Ameisenbau von den Ameisen attackiert – ein wahrer Spießrutenlauf! Lose Hautschuppen schützen ihn noch eine Weile recht gut, aber nicht sehr lange.
Rechtzeitig in die Freiheit gelangt sucht der Schmetterling erst einmal einen sicheren Platz, wo er seine zusammengefalteten Flügel aushärten lässt, um sich in die Lüfte erheben zu können.

Häufig schließen sich auch Stachelmakrelenbabys (Carangidae) einer Qualle an. Diese Fische suchen Schutz zwischen den Tentakeln. Auch sie betätigen sich als Navigatoren, geben also der Qualle die Richtung an. Sie stupsen dazu die Qualle in die gewünschte Schwimmrichtung. Wenn sie groß genug geworden sind, schwimmen sie ihren eigenen Weg und machen Platz für eine neue Generation Makrelen.

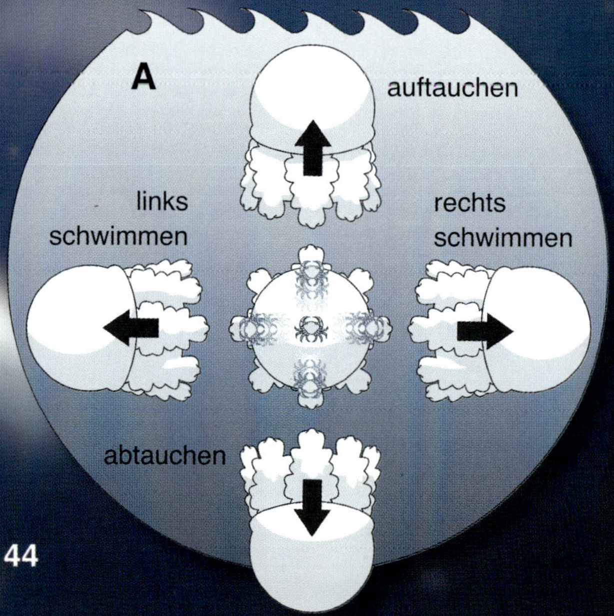

Schlachtschiff mit Steuermann

Kurzschwanzkrebs (Brachyura) **/**
Furchenqualle (Versuriga anadyomene)

Hättest du gedacht, dass eine Qualle bis zu acht Mal so groß werden kann wie ein Fußball? Diese Furchenqualle hat die Größe eines Medizinballes und gehört damit sogar noch zu den „kleineren" Tieren. Wie viele Quallenarten ist auch sie mit giftigen Nesseln an ihren Tentakeln ausgestattet **(s. Seite 17 A, B, C)**. Damit kann sie ihre Feinde auf Distanz halten. Das ist auch gut so, denn eigentlich sind Quallen recht hilflos.

Sie reagieren zwar auf Licht, aber sie können nicht sehen. Quallen orientieren sich an der Schwerkraft, der Temperatur, dem Druck, der Salzdichte und Bewegung im Wasser sowie den Mondphasen. Sie können daher nicht schnell genug reagieren, wenn sie sich dem Ufer oder natürlichen Feinden nähern. Dazu gehören beispielsweise die Meeresschildkröten, die mit Vorliebe Quallen verspeisen.

Die Furchenqualle lässt sich deshalb gerne helfen. Sie hat nämlich manchmal einen kleinen Steuermann dabei. Es ist ein winziger Kurzschwanzkrebs. Er lenkt die Qualle bei Gefahr in eine andere Richtung oder in tiefere Gewässer.
Doch nicht nur bei Gefahr ist der kleine Freund ein willkommener Helfer. Er steuert die Qualle auch dorthin, wo es für beide genug Nahrung gibt. Außerdem reinigt der Krebs die Qualle, indem er ihr Algen und Parasiten vom Schirm zupft und verspeist.

Unter dem Schwimmschirm der Qualle findet der Krebs einen sicheren Zufluchtsort. Für den Fall, dass ein Fressfeind naht, huscht er blitzschnell unter den Schirm und wird von den giftgeladenen Nesseln geschützt.

Niemand weiß genau, wie der Krebs auf die Qualle gelangt. Auch wie er sie lenkt, ist noch nicht geklärt. Zwar haben Forscher beobachtet, dass Quallen beispielsweise nach rechts schwimmen, wenn der Krebs auf dem Schirm der Qualle nach rechts krabbelt **(A)**. Ob dabei jedoch das Gewicht des Krebses eine Rolle spielt oder die empfindlichen Stellen der Qualle, die beim Krabbeln berührt werden, ist noch nicht geklärt.

Die gefiederte Alarmanlage

Nilkrokodil (Crocodylus niloticus) **/**
Wellentriel (Burhinus vermiculatus)

Vielleicht hast du schon mal das Wort „Mutterinstinkt“ gehört? Das ist das Verhalten, das Mütter zum Beispiel zu Beschützerinnen macht, wenn dem Nachwuchs Gefahr droht. Affen, Löwen, Elefanten, ja sogar Insekten haben einen Mutterinstinkt. Sie beschützen ihre Kinder manchmal sogar mit ihrem eigenen Leben. Das ist sehr wichtig, damit eine Art überleben kann. Aber dieser Instinkt hilft nur, wenn man die Gefahr, die dem Nachwuchs droht, auch rechtzeitig bemerkt. Natürliche Alarmanlagen sind da sehr hilfreich!

Das Nilkrokodil vergräbt seine Eier im warmen Sand am Ufer von Flüssen **(A)**. Es kann aber trotz seiner Mutterinstinkte nicht 24 Stunden am Tag ein Auge auf das Gelege haben. Es muss zum Fressen und um sich abzukühlen ins Wasser. Und auch Krokodilmamas müssen sich mal auf`s Ohr hauen.

Aber zum Glück gibt es den Wellentriel! Der kleine Vogel hält sich gerne in der Nähe von brütenden Krokodilen auf. Normalerweise nehmen diese Reptilien Vögel gerne als Vorspeise zu sich. Aber der Wellentriel genießt aus gutem Grund Sonderrechte: Wenn sich ein Eierdieb auch nur von Weitem blicken lässt, stößt der Vogel einen alles durchdrin-

Das Nilkrokodil kann über fünf Meter lang und bis zu 800 Kilogramm schwer werden! Umso erstaunlicher ist es, dass dieser Koloss sogar schneller „galoppieren“ kann, als ein Mensch rennt. Im Zuge seines Mutterinstinktes bringt das Nilkrokodil so viel Energie auf, dass es sogar herumliegende Baumstämme einfach überspringen kann.

genden Alarmpfiff aus. Den hört die Krokodilmama sogar unter Wasser. Sofort springt sie wütend aus dem Fluss und hastet auf den Eindringling zu. So wie bei diesem Pavian, der offensichtlich noch keine Erfahrung mit fremden Mutterinstinkten gemacht hat. Er ist auf jeden Fall gut beraten, die Beine in die Hand zu nehmen. Denn auf frischer Tat ertappte Eierdiebe werden von den wütenden Krokodilen oft geschnappt und getötet!
Damit Krokodilmama und Wellentriel immer beisammen sein können, baut der Vogel sein Nest neben der Krokodilbrutstätte auf. Das Reptil lässt auch nur ihn in seine Nähe. Und nicht nur das: Das Krokodil greift sogar Räuber an, die es auf das Nest des Triels abgesehen haben. Durch Teamwork bringen beide einen Großteil ihres Nachwuchses durch.

Korallen leben in enger Symbiose mit Algen zusammen. Die Algen wachsen in ihrem Innern und produzieren Sauerstoff - das machen alle Pflanzen. Da es im Augenblick noch viele Korallen gibt, wird das Meer und die Luft darüber mit Sauerstoff angereichert.

Jedoch sterben immer mehr Korallen. Daran sind Umweltverschmutzung und die Erderwärmung schuld. Wenn der Mensch nicht rasch lernt, sorgsamer mit seinem Planeten umzugehen, sterben immer mehr Korallen und Wälder ab und uns geht dann irgendwann vielleicht die Luft aus!

Schnittiger Krebs verjagt Sternchen

Steinkoralle (Scleractinia) **/ Porzellankrebs** (Porcellanidae)

Korallen sind extrem empfindlich! Sie können bei geringen Klimaänderungen krank werden und sterben.
Aber auch Fressfeinde können sie schädigen und sogar zerstören. Zu ihren größten Feinden gehören Seesterne! Sie klettern auf ihre empfindliche Oberfläche und fressen sie von ihrem Kalkgerüst ab. Binnen weniger Stunden haben ein halbes Dutzend Seesterne ein Korallenkissen vernichtet. Aber es gibt zum Glück einen Helfer, der das verhindert:

Der Porzellankrebs. Er wird gerade mal fünf Zentimeter groß und bewohnt mit Vorliebe Korallen. Der Winzling hat extrem starke Scheren. Damit rückt er äußerst aggressiv gegen ungebetene Gäste vor, die sich an den Korallen zu schaffen machen wollen.
Wenn sich auf „seine" Koralle zum Beispiel Seesterne setzen, krabbelt er sofort hin und kneift ihnen kräftig in die Arme. Für gewöhnlich ziehen die Seesterne nach schmerzvoller Erfahrung ab. Manche bleiben aber hartnäckig – dann sieht der Krebs rot und schneidet ihnen einfach Teile von ihren Armen ab **(A)**. Irgendwann verlieren die Seesterne den Halt und rutschen von der Koralle herunter.
Ohne Koralle könnte der Porzellankrebs nicht überleben. Denn die Koralle bietet ihm Nahrung. Er frisst nämlich die Schleimabsonderung der Korallen ab, die man „Mucus" nennt. Daran haftet nahrhaftes Plankton. Außerdem bietet die Koralle einen wunderbaren Unterschlupf.

Die Kannenpflanze lässt immer wieder neue Fallen wachsen. Die älteren Kannen rollen ihre Deckel ein und füllen sich dann rasch mit Regenwasser. Die ätzende Verdauungsflüssigkeit wird verdünnt und die Kannenfallen werden dadurch harmlos. Es kommt dann sogar vor, dass winzige Frösche und Lurche in die entstandenen kleinen Tümpel einziehen. Sie sind darin besser geschützt als in Bächen und Seen.
Erstaunlich, dass dieselbe Pflanze dem einen den Tod bringt und dem anderen Leben ermöglicht, findest du nicht auch?

Fastfood zum Mitnehmen

Kannenpflanze (Nepenthes spec.) **/**
Krabbenspinne (Misumenops nepenthicola)

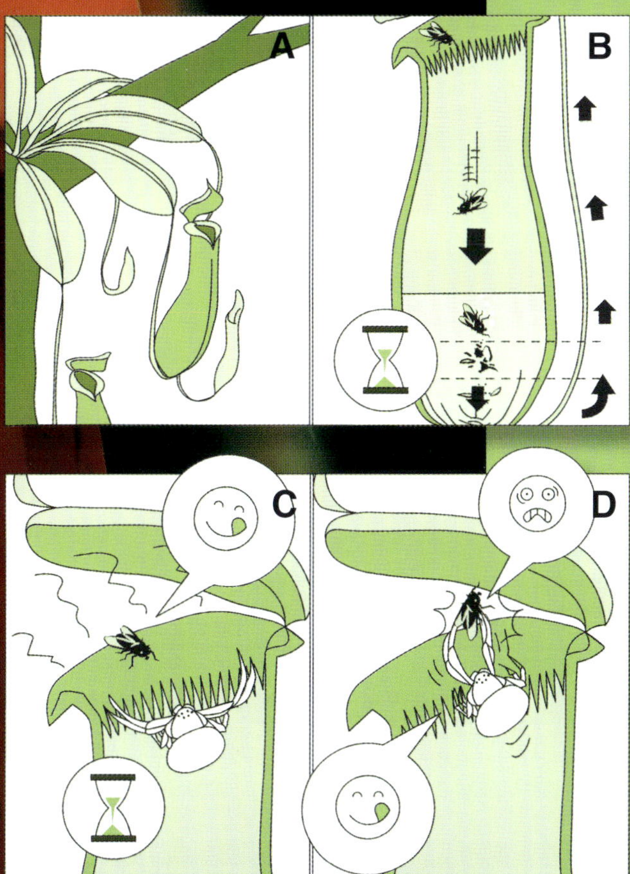

In feucht-heißen Dschungelgebieten wie auf Sumatra, einer indonesischen Insel, gibt es viele eigenartige Pflanzen. Hast du zum Beispiel schon mal was von einer „Kannenpflanze" gehört? Es ist eine fleischfressende Pflanze. Die oben leicht geöffneten Kannen **(A)**, sind mit einer aggressiven Flüssigkeit gefüllt, die ihre Beute allmählich zersetzt, wenn sie hineinfällt.

Unvorsichtige Insekten und Kleintiere, die sich vom Duft der Pflanze angelockt fühlen, rutschen an den glatten Innenwänden ab und schon ist es um sie geschehen. Kannenpflanzen haben Verdauungssäfte, die ihre Opfer innerhalb von wenigen Tagen auflösen **(B)**. Damit die Flüssigkeit auch so wirksam bleibt, haben die Kannen leicht geöffnete Deckel. Sie verhindern, dass es in die Kannen hineinregnet. Sonst würde die Flüssigkeit verdünnt und unschädlich werden. Außerdem könnten die Opfer bei höherem Wasserstand einfach wieder herausklettern.

Die südostasiatische Krabbenspinne – eigentlich eine Jägerin – nutzt gerne diese Fleischfresserpflanze als Selbstbedienungsrestaurant. Sie lauert in den Kannen und wartet, bis ein Insekt durch den Nektarduft der Pflanze angelockt wird **(C)**. Wagt sich zum Beispiel eine Fliege an die Kannenpflanze heran, packt die Spinne blitzschnell mit ihren Greifarmen zu und verspeist sie **(D)**. Eigentlich scheint das ziemlich gemein zu sein. Und das nicht nur für die Fliege, denn schließlich klaut die Spinne der Pflanze ihre Beute. Aber die Spinne lässt zumindest ihren Kot in die Kanne fallen. Und der ist reich an wertvollem Stickstoff und Phosphor. Die Spinne hat, wenn du so willst, für die Kannenpflanze das Insekt verdaut.

Schwerbewaffnete Panzer

Seeanemonen (Triactis producta) **/ Boxerkrabbe** (Lybia tesselata) **/ Einsiedlerkrebs** (Pagurus bernhardus)

Stell dir vor, du würdest Brennnesseln zur Selbstverteidigung nutzen - Schutzhandschuhe an und Büschel in die Hand genommen. Da nimmt`s keiner so gerne mit dir auf...! Die „Brennnesseln“ der Meere sind gewissermaßen die Seeanemonen. Sie sind aber keine Pflanzen, sondern Tiere. Mit ihren Nesseltentakeln können sie ihre Feinde lähmen und töten! Genau davon machen die Boxerkrabbe und der Einsiedlerkrebs Gebrauch, um Feinde fernzuhalten.
Die hübsche Boxerkrabbe sucht sich zwei Anemonen, löst sie vorsichtig vom Untergrund und hält sie einfach in ihren Scheren. Wenn ein Feind naht, fuchtelt die Krabbe drohend mit ihren lebenden Waffen **(A)** - da flieht jeder Angreifer!

Auch der Einsiedlerkrebs muss sich verteidigen und schützen. Sein empfindliches Hinterteil schiebt er zum Beispiel in verlassene Schneckenhäuser, die er dann zu seinem mobilen Haus macht. Er rüstet sein Heim mit Anemonen aus. Wie er das macht? Es gibt drei Methoden: Einmal setzt der Krebs sich geduldig mit seiner Behausung dicht neben einen Stein, auf dem eine Anemone hockt. Er wartet dann so lange, bis sie von selbst übersiedelt **(B)**. Oder der Einsiedler löst eine Anemone vom Stein und setzt sie sich auf. Eine höflichere Methode ist das „Überreden“, indem der Einsiedler die Anemone durch sanftes Tätscheln zum Übersiedeln bewegt.
Haben sich beide erst einmal gefunden, bleiben sie sich treu, selbst beim Wohnungswechsel: Da der Einsiedlerkrebs dauernd wächst, muss er laufend neue Schneckenhäuser suchen. Hat er dann ein neues Zuhause gefunden, zieht die Anemone gleich mit um. Für den Schutz, den die Anemonen bieten, bekommen sie Nahrung im Überfluss, indem sie alles aufschnappen, was die Krebstiere beim Wühlen und Fressen aufwirbeln.

Das Verhalten, sich mit Anemonen zu bewaffnen, kannst du sogar im Seewasseraquarium im Zoo beobachten. Dort gibt es oft Anemonen. Wenn dann noch Einsiedlerkrebse und Boxerkrabben darin gehalten werden, dauert es nicht lange, bis sie sich mit Anemonen ausgerüstet haben.

Kennst du das auch schon?

Wie gefährlich ist das giftigste Tier der Welt?
Und was fasziniert uns so an schauderhaften Reißzähnen?
Sind die gefährlichen Kreaturen wirklich so grausam, wie man ihnen nachsagt? Wie sie sich verhalten, wann sie ihre „Waffen" wirklich einsetzen und warum du ihnen mit dem würdigen Respekt begegnen solltest – all das erfährst du in diesem Buch.
Faszinierende Beispiele tödlicher Schönheiten aus der Natur werden dich in den Bann ziehen:

Kleine hübsche Frösche, die wahre Giftzwerge sind, schauderhafte Haie mit noch schauderhafterem Gebiss, edle Schlangen, die ihren Feinden ins Gesicht spucken können, und noch viel mehr...

Text und Illustrationen von Marc Margielsky
€ **14,95 (D)**, € 15,40 (A), SFr 27,40

ISBN 978-3-89777-373-8

Nur bei
moses.